DÉCOUVERTES

ET

INVENTIONS

SCIENTIFIQUES

AGRICOLES ET INDUSTRIELLES

TOULOUSE

IMPRIMERIE J. PRADEL ET BLANC

PLACE DE LA TRINITÉ, 12.

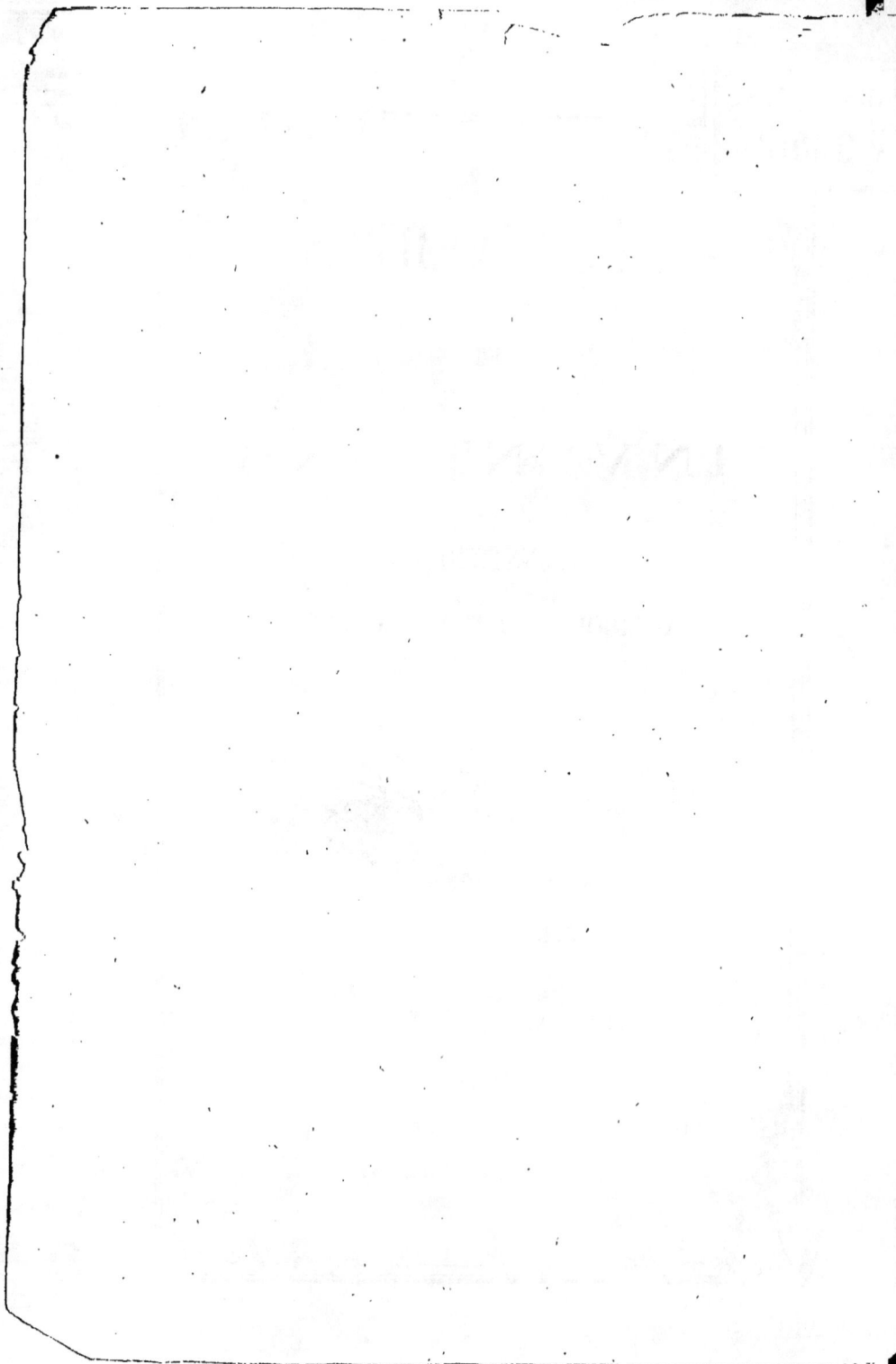

DÉCOUVERTES

ET

INVENTIONS

SCIENTIFIQUES

AGRICOLES ET INDUSTRIELLES

TOULOUSE

IMPRIMERIE J. PRADEL ET BLANC

PLACE DE LA TRINITÉ, 12.

1863

Tout exemplaire non revêtu de ma signature sera considéré comme contrefait.

I

Le papier de bois. — Il y a plus de soixante ans que le gouvernement voulant rémédier à la cherté du papier, devenue excessive par suite du manque de chiffons, nomma une commission composée d'hommes spéciaux, qui furent chargés de découvrir des procédés de fabrication économiques. Cette commission porta d'abord son attention sur les diverses substances végétales susceptibles de fournir une pâte homogène : on essaya, tour-à-tour, les pailles de froment et de riz, le foin, diverses écorces d'arbres. Toutes ces matières offrirent l'inconvénient de ne pouvoir être traitées qu'en leur adjoignant une assez forte quantité de chiffons, et de produire, en outre, un papier de fort mauvaise qualité.

Employé sans matières auxiliaires, le bois peut seul remplacer avantageusement le chiffon. La plus grande difficulté consistait dans le blanchiment de la pâte de bois. Les premiers essais furent faits avec de la sciure de bois blanc, et l'on espérait que cette pâte conserverait sa blancheur naturelle. Mais sous l'action de l'air et des substances liquides, ce papier devenait rouge ou jaunâtre. Ce n'est qu'après de longues recherches, qu'on est parvenu à obtenir le blanchiment des papiers fabriqués avec n'importe quelle espèce de bois.

Voici comment on procède pour la préparation de la pâte à papier.

Les morceaux de bois sont broyés sous une meule en pierre, et la pulpe, ainsi obtenue, est entraînée dans un premier réservoir, où elle est tamisée. La partie la plus menue est conduite vers un tamis cylindrique très fin, qui achève de la préparer. Le kaolin ou terre à porcelaine joue un rôle essentiel dans la fabrication du papier de bois. Sans cet auxiliaire, le papier serait trop cassant et filamenteux. Le kaolin lui donne du corps et remplit à peu près le rôle de l'apprêt dans la fabrication des toiles. Le papier de bois offre 60 p. % d'économie sur le papier de chiffons, et sa fabrication n'exige qu'un outillage fort restreint et très peu de force motrice.

Industrie du bois durci. — S'il est incontestable que la plupart des découvertes ont été, de tout temps, le produit du hasard, voici un nouveau fait qui contribuerait à prouver la vérité de cette assertion. On raconte qu'un enfant eut l'idée de mélanger de la sciure de bois avec du sang de bœuf et de façonner une statuette. Ce mélange desséché devint d'une dureté extrême. Un témoin de ce fait eut la fantaisie de fabriquer une pipe avec un mélange semblable ; ce fut, dit-on, le chansonnier Lepage qui eut cette singulière idée. Il n'en a pas fallu davantage pour révéler à l'industrie une source de nouveaux produits ; le bois durci sert à fabriquer une infinité d'objets de luxe, tels que statuettes, médaillons, coffrets, portes-monnaie, etc. ; ces divers objets de fantaisie ne le cèdent en rien à l'ébène, pour la finesse et le poli.

On emploie ordinairement de la sciure de bois de palissandre. Cette sciure est tamisée et mélangée avec un sixième, à peu près, de son volume de sang de bœuf. Cette pâte est séchée à l'étuve et puis réduite en poudre extrêmement tenue. On remplit avec cette poudre des moules en fer ou en fonte. Sous une pression d'environ cinq cents kilogrammes et sous l'influence d'une chaleur de cent cinquante degrés, la poudre s'agglutine et reproduit, avec une grande finesse de détails, l'empreinte tracée dans les moules.

Cette opération dure au plus une demi-heure ; après quoi, on retire les moules et on les plonge dans l'eau froide. On a essayé la même opération avec de la sciure de bois, sans adjonction de sang de bœuf ; mais le produit obtenu n'offrait plus le même degré de finesse et d'inaltérabilité.

Matière plastique pour mouler statuettes, sculptures, etc. — On pétrit ensemble les substances suivantes :

Blanc d'Espagne pulvérisé.	5	parties
Térébenthine de Venise.	1	id.
Colle forte liquide.	1	id.

Cette pâte devient dure comme le marbre. Pour la travailler, il faut s'enduire les doigts avec de l'huile et préférablement avec l'huile de lin.

Nouveau procédé d'argenture. — Si l'on verse une solution de protochlorure de cuivre ammoniacal sur une solution de nitrate d'argent aussi chargé d'ammoniaque, il se produit un précipité d'argent métallique qui est d'une grande pureté.

Or, l'argent ainsi précipité est à un état de division extrême ; chaque parcelle égale tout au plus en volume 0,0025. Cet argent précipité s'applique avec la plus grande facilité sur les métaux, sur le bois, le verre, le cuir, etc. Sa couleur grise se transforme, sous le brunissoir, en un éclat des plus brillants.

La houille, succédané de la cochenille et de la garance. — C'est à l'analyse chimique qu'on doit la découverte des matières précieuses renfermées dans le charbon de terre. Qui se serait douté que la houille, uniquement consacrée au chauffage et à l'éclairage, contenait des

couleurs aussi riches que variées et pou-
vait fournir les parfums les plus délicats?
Aussi les matières provenant de la distil-
lation de la houille, qui étaient, il y a
peu d'années, un véritable embarras pour
les fabriques de gaz d'éclairage, sont de-
venues une marchandise des plus recher-
chées, à cause de la richesse de matières
tinctoriales qu'elles renferment. En 1823,
Faraday, après de longs essais, finit par
retirer du charbon de terre le carbure
d'hydrogène. Ce produit, vulgairement
appellé benzine, fut plus tard extrait
du coaltar ou goudron de houille. On
s'aperçut bientôt de ses qualités détersi-
ves, et ce liquide est fréquemment employé pour le dégraissage des étoffes.

Lorsque la benzine est traitée par
l'acétate de plomb, elle devient inodore;
dans cet état on peut la transformer en
excellente eau de senteur. En faisant in-
fuser des violettes ou des roses dans la
benzine, elle se charge de leur parfum,

et une seule goute suffit pour répandre dans les appartements l'odeur la plus suave.

Toutefois, si les matières colorantes qu'on retire de la houille offrent un grand avantage sous le rapport de l'économie, elles possèdent bien moins de solidité que la cochenille et la garance. Aussi est-on obligé d'avoir encore recours à ces substances, pour la teinture des étoffes, en réservant le dernier bain pour les matières colorantes de la houille, qui servent à rehausser l'éclat et la richesse des couleurs.

Décoloration des résines. — Il est souvent important dans les arts d'obtenir les résines à l'état le plus blanc possible, principalement pour la fabrication des vernis, afin qu'ils n'altèrent pas les couleurs sur lesquelles on les applique. Les résines, dans leur état naturel, à l'exception de quelques-unes dont l'emploi est très dispendieux, ne peuvent, dans la plupart des cas, être employées sans qu'on ait procédé à leur décoloration. Voici un moyen facile et peu coûteux de décolorer les résines sans altérer leurs qualités.

On prend cinq parties de résine, une de carbonate de soude et vingt parties d'eau. On fait bouillir le tout jusqu'à ce que ces matières forment une masse parfaitement homogène et on laisse refroidir ; puis on y fait dégager de l'acide sulfureux, qui précipite la résine. Ce produit est bien lavé avec de l'eau, séché et conservé pour l'usge.

Vernis pour donner à divers bois la couleur d'acajou. — On fait dissoudre 45 grammes de sang-dragon et 15 grammes de carbonate de soude dans un litre d'alcool ; on filtre ce mélange.

On fait dissoudre 45 grammes de laque plate et 7 grammes de carbonate de soude dans un litre d'alcool.

Après avoir fait ces deux préparations, on commence par frotter le bois avec de l'acide azotique, étendu dans six fois son volume d'eau. Ensuite on passe deux couches de la première préparation ; on laisse bien sécher, et puis on passe la troisième couche avec la seconde préparation. Lorsqu'elle est sèche, on polit avec un morceau de bois de frêne ou de hêtre, préalablement bouilli dans l'huile.

Manière de réparer le tain des glaces. — On frotte la place où manque le tain avec du coton, de manière à enlever la poussière ou la crasse ; puis, on coupe sur un autre morceau de glace une petite portion de tain, un peu plus grande que la tache qu'on veut réparer ; on étend une petite goutte de mercure de la grosseur d'un bout d'épingle pour un morceau de tain de la grandeur de l'ongle. Le mercure s'étend jusqu'à la trace qu'on a faite, et alors le tain peut

s'enlever. On le transporte sur la tache
qu'on veut réparer, et on presse avec un
peu de coton ce tain qui est bientôt sec.
Cette dernière opération, pour l'enlever
et pour l'appliquer, est fort délicate.

II

Procédé pour donner aux bois blancs la dureté du chêne.
— Coupe des bois (influence des époques sur leur durée). — Bois de charpente et de menuiserie. — Plâtre
(moyen d'augmenter sa dureté). — Stuc (sa composition). — Encaustique pour cirer les meubles. — Colle
forte liquide. — Mastic pour raccommoder le verre, la
porcelaine, etc. — Vrai colle tout.

**Procéde pour donner aux bois
blancs la dureté du bois de chêne.**
— Passez une première couche de peinture à l'huile ou au goudron sur les objets
en bois blanc ; recouvrez immédiatement
cette peinture d'une couche de sable ta-
misé, et passez une nouvelle couche de la
même peinture sur ce sable, en appuyant

assez fortement avec le pinceau. La peinture et le bois deviendront d'une dureté
telle, que ni la pluie, ni l'action des rayons
solaires ne pourront les altérer.

Coupe des bois. — On a fait très peu
d'expériences pour se rendre compte de
l'influence qu'exerce sur la durée des
bois l'époque à laquelle on les coupe. Il
serait à désirer que les épreuves suivantes fussent assez décisives pour expli-
quer les différences remarquables qu'on
observe dans la durée des bois de même
essence.

L'expérience a été faite sur quatre chê-
nes de même grandeur, de même essence, également sains et choisis sur le
même terrain. Le premier fut coupé dans
le mois de décembre, le second dans le
mois de janvier, et les deux autres en
février et mars. Cet quatre arbres furent équarris, réduits à des dimensions
parfaitement égales et séchés dans les
mêmes conditions de température.

On a ensuite éprouvé la force de résistance de ces quatre poutres, et voici le résultat de l'expérience : en admettant que la résistance de la poutre coupée au mois de décembre soit égale à 100, la résistance de la poutre coupée au mois de janvier sera représentée par 90 ; la poutre coupée au mois de février, aura sa résistance égale à 78 ; et la poutre coupée au mois de mars, aura sa résistance marquée par 64.

Sur chacun de ces quatre arbres on a pris un fragment. Ces quatre fragments égaux ont été creusés de manière à pouvoir être remplis d'eau. Le bois coupé au mois de décembre a conservé presque toute son eau pendant vingt jours ; le bois coupé au mois de janvier ne l'a conservée que six jours, tandis que les bois coupés en février et mars, ont laissé suinter toute l'eau, à travers leurs pores, en moins de deux jours.

On a renouvelé l'expérience sur des

pieux plantés en terre. Ceux qui avaient été coupés en décembre, ont duré plus de huit ans ; tandis que ceux dont la coupe avait été faite au mois de mars, ont eu à peine deux années de durée.

Il serait à désirer que de nouvelles expériences fussent faites, afin de pouvoir préciser les rapports qui existent entre la durée des bois et l'époque de leur coupe.

Bois de charpente (moyen de sécher promptement les bois verts). — Plongez dans l'eau de chaux, pendant quinze jours, les planches et madriers de bois vert.

Plâtre. — Pour augmenter la dureté du plâtre et sa résistance à l'air et à l'humidité, il faut y ajouter, au moment de l'employer, un dixième au moins de chaux éteinte.

Stuc. — Le stuc, qui par son poli, sa

finesse et sa couleur, est une heureuse imitation de marbre, se fait en gâchant du plâtre dans de l'eau de savon. On introduit dans cette pâte des matières colorantes minérales, afin de lui donner les nuances du marbre. On ne doit employer le stuc qu'aux décorations intérieures, car il résiste mal à l'action de l'eau. On le distingue du marbre, en ce qu'il a moins de dureté et qu'il ne communique pas cette sensation de froid que fait éprouver le toucher du marbre.

Encaustique pour cirer les meubles. — Faites fondre dans un vase 50 grammes de cire jaune; lorsqu'elle est fondue, ôtez-la de dessus le feu et ajoutez 100 grammes d'essence de térébenthine. On remue ce mélange jusqu'à ce qu'il soit refroidi.

Colle-forte liquide. — Faites fondre la colle forte dans à peu près son volume

2

de vinaigre, et lorsqu'elle est fondue, ajoutez-y environ un huitième de son volume d'alcool. Cette colle s'emploie à froid; il faut y ajouter un peu d'alun pour l'empêcher de s'altérer, lorsqu'on veut la conserver longtemps.

Mastic pour raccommoder le verre, la porcelaine, etc. — On commence par réduire en poudre du verre ou de la porcelaine, et puis on achève de les broyer, sur le marbre, avec du blanc d'œuf, de manière que ce mélange ait la consistance d'une pâte claire. Ce mastic est d'une grande tenacité.

Vrai colle tout. — Les limaçons, qu'on prépare dans les cuisines, ont à l'extrémité de leur corps une vésicule remplie d'une matière gluante, avec laquelle ces mollusques confectionnent leur coquille. Ce liquide acquiert en se desséchant une grande tenacité; on peut

s'en servir pour coller le verre, la
faïence, le marbre, le bois, etc.

III

Nouveau procédé de germination. — Les gelées du printemps (moyen d'en préserver les bourgeons de la vigne
et des arbres à fruit). — Oïdium. — Prévoyance du
temps pendant la durée du mois lunaire pronostiqueur
du temps.

Nouveau procédé de germination.
— On peut quintupler le produit de la
vigne et obtenir une grande quantité de
fruits sur les arbres qui n'en produisent
pas, en employant la méthode suivante :

On couche les branches de la vigne ou
des arbres fruitiers à 0 mètre 12 centimètres au-dessous de la ligne horizontale.
Par ce procédé, tous les yeux latents
produisent des fruits. Supposant douze
de ces yeux latents sur une branche de
vigne, on obtiendra vingt-quatre grappes,

tandis que par le travail ordinaire on en aurait eu au plus cinq ou six.

Les gelées du printemps (moyen d'en préserver les bourgeons de la vigne et des arbres à fruit). — Personne n'ignore les effets occasionnés par les retours de froid, qui se manifestent habituellement au printemps et qui peuvent anéantir, dans son principe, une portion notable de la récolte de l'année. Les gelées blanches sont un véritable fléau pour les plantes, mais principalement pour les vignobles et les arbres à fruit. Elles se produisent alors que la chaleur commence à exercer son action dans l'atmosphère, pendant que la terre moins pénétrable conserve une température plus basse que celle des couches d'air en contact avec elle. Pendant le jour, l'humidité du sol se volatilise et ces vapeurs, condensées par la fraîcheur des nuits, retombent sur le sol, où elles se congèlent.

Si ces vapeurs congelées se fondaient et
se dissipaient très lentement, il y aurait
peu de mal ; mais très souvent après une
nuit de gelée apparaît, dès le matin, un
soleil radieux qui frappe subitement les
bourgeons, les gonfle et les fait périr.

Ce danger n'est pas à craindre lorsque
le vent empêche la condensation de l'humidité atmosphérique ; mais dans les
nuits calmes et sereines, tout favorise le
dépôt de la rosée sur les bourgeons et
son évaporation subite aux premiers
rayons du soleil. Pour prévenir le danger, il faut se préoccuper, non pas de la
gelée, mais du dégel subit. Aussi le premier soin doit être d'abriter les bourgeons glacés, de manière à donner à la
gelée le temps de se dissiper, sans briser
le fragile organe végétal qu'elle enve-
loppe et pénètre. On se sert, à cet effet,
de paillassons ou de nattes tressées en
paille de seigle.

Mais le moyen le plus précieux consiste dans l'emploi du plâtre cuit. Le mode opératoire est des plus simples.

Le plâtre cuit, répandu au mois d'avril sur les bourgeons de la vigne ou des arbres à fruit, a la propriété d'empêcher les effets désastreux qu'occasionnent la gelée et les rayons du soleil. Cent kilogrammes de plâtre suffisent pour mettre trente hectares de vigne à l'abri de tout danger.

On remarquera que le plâtre répandu sur les plantes détermine deux résultats, dont l'un n'est autre chose que l'application d'une loi physique. On sait que les surfaces blanches ont la propriété de réfléchir la chaleur, tandis que les surfaces noires l'absorbent. La nature se conforme à cette loi, en donnant des fourrures ou des plumes blanches aux animaux qui vivent dans les climats du nord. Le plâtre répandu sur les végétaux, en détruisant l'action trop subite des rayons solaires, maintient l'équilibre de la température sur les feuilles ou sur les bourgeons des plantes, en même temps qu'il sert d'abri contre l'excès d'humidité et empêche ainsi la congélation.

Oïdium. — Un remède contre la maladie de la vigne, fort simple et à la portée de tout le monde, est indiqué dans les *Annales* de la Société d'Agriculture de la Dordogne.

Le procédé consiste tout simplement à creuser la terre vers la fin de novembre, à une profondeur de 20 centimètres autour du cep malade et à enfouïr à son pied un litre de cendres ordinaires ; ou, encore mieux, si on peut s'en procurer, un demi-litre seulement de cendres de bois de vigne ; après quoi, on bat et on fait suivre les façons habituelles.

Prévoyance du temps pendant la durée du mois lunaire. Après avoir nié pendant longtemps toute influence lunaire, la science officielle s'est aperçue qu'elle s'était prononcée sans assez mûr examen et que son jugement devait être modifié. Non qu'il faille, sans doute, attribuer au satellite de la terre les maladies et les influences pernicieuses que des esprits trop crédules sont portés à lui accorder : néanmoins, il faut admettre, avec les astronomes d'aujourd'hui, une influence réelle de la lune sur notre planète.

On ne peut contester que la lune ne soit la cause principale des marées, et ce fait s'explique très aisément. Dans le mouvement diurne de la terre, il existe une lutte entre la force de rotation terrestre et la force attractive de la lune : or, cette dernière doit évidemment avoir plus d'action sur les molécules mobiles de la mer qu'elle n'en a sur les molécules compactes de la masse terrestre. Si cette action s'exerce sur les mers, il n'y a pas de raison pour qu'elle ne s'exerce aussi sur l'air, huit cent fois plus léger que l'eau, et qu'elle ne puisse, par conséquent, influer sur la formation ou sur la dissolution des nuages.

Les formules établies par Laplace conduisent à des résultats qui confirment la croyance populaire, relativement à l'influence de la lune sur les changements de temps. Les observations de Toaldo s'accordent aussi avec cette opinion.

Enfin, voici une nouvelle règle de prévoyance du temps, que M. le maréchal Bugeaud a le premier porté à la connaissance du public, et qu'il avait lui-même découverte dans des circonstances tout-à-fait exceptionnelles.

Pendant la guerre d'Espagne, un jour qu'il venait de participer comme simple lieutenant à la prise d'un vieux monastère, il trouva dans une bibliothèque, parmi divers manuscrits, un recueil d'observations météorologiques faites pendant cinquante ans en Angleterre et en Italie. Ces observations le mirent sur la voie de l'énoncé suivant :

Règle à suivre pour prédire le temps. — Le temps se comporte onze fois sur douze, pendant toute la durée de la lune, comme il s'est comporté au cinquième jour de la lune, si le sixième jour le temps reste le même qu'au cinquième ; et neuf fois sur douze, comme le quatrième jour, si le sixième jour de la lune ressemble au quatrième.

Partant de l'heure exacte de la nouvelle lune, il faut tenir compte de la différence de trois-quarts d'heure, à cause de la révolution de la terre autour de son axe et de la révolution de la lune autour de la terre, c'est-à-dire, ajouter six heures au sixième jour écoulé.

Inutile d'ajouter que cette règle n'est plus applicable, dans le cas où le sixième jour de la lune ne ressemble ni au quatrième ni au cinquième. Pendant les nombreuses expéditions exécutées en

Afrique, sous les ordres du maréchal, on a observé que les troupes n'étaient mises en marche qu'après le sixième jour de la lune, et que leurs entreprises furent constamment secondées par un temps très favorable.

Pronostiqueur du temps. — Veut-on se procurer à peu de frais un excellent baromètre plus exact que ceux vendus par les opticiens? On prend une partie de salpêtre, une de sel ammoniac et deux de camphre. On dissout séparément ces matières dans de l'alcool ou de l'eau-de-vie d'au moins 18°.

Les matières étant dissoutes, on mêle le tout dans un flacon allongé ou flacon d'eau de Cologne, par exemple, que l'on ferme avec un bouchon recouvert de cire à cacheter. Ce flacon est pendu à l'air et à l'ombre. Les modifications qu'on apercevra dans le liquide indiqueront les changements de temps.

Ainsi : un liquide clair, indique le beau temps ; — un liquide trouble, indique la pluie ; — le liquide troublé avec de petites étoiles, indique la tempête ; — des filaments dans la partie supérieure du liquide, sont un signe de vent ; — de petites étoiles en hiver, par un soleil brillant, sont les avant-coureurs de la neige. Toutes ces indications sont fournies vingt-quatre heures avant le changement de temps.

IV

Drainage économique. — Nouveau beton naturel. — Arbres épineux (les obtenir dépourvus d'épines). — Arbres (les délivrer de la mousse et des insectes). — Le datura arborea. — Le datura stramonium.

Drainage économique. — Dans les terres sujettes à souffrir d'un excès d'eau, le drainage rend l'immense service de faciliter la division du sol et de donner à la terre la perméabilité qui la rend accessible aux influences des agents atmosphériques. L'évaporation de l'eau qui occupe la surface des terres, diminue considérablement leur température, à cause de l'absorption de la chaleur latente, nécessaire à la vaporisation. L'expérience a prouvé que la formation d'un seul kilogramme de vapeur, enlève assez de chaleur à 250 kilogrammes de terre pour abaisser de cinq degrés leur température. D'un autre côté, la température de l'eau de pluie est, pendant la plus grande partie de l'année, supérieure à la température des terres végétales. Indépendamment du calorique qu'elle contient, l'eau de pluie est aussi chargée d'acide carbonique et d'ammoniaque en dissolution. Ces divers agents sont parfaitement assimilables pour les organes des végétaux et contribuent puissamment à leur alimentation. De telle sorte que les opérations du drainage, en rendant le sol poreux, facilitent l'infiltration des eaux de pluie, qui cèdent à la terre leur calorique, ainsi que les matières fertilisantes dont elles sont chargées et, en outre, le sol arable conserve toute sa chaleur latente, dont la majeure partie lui aurait été enlevée par l'évaporation des eaux superficielles.

Dans les opérations du drainage, le nombre des canaux de dessèchement doit toujours être proportionné à la quantité d'eau surabondante; sans quoi, il pourrait en résulter une trop grande dessication, qui serait aussi funeste qu'un excès d'humidité. Lorsque le drainage est opéré sur une vaste échelle, il produit sur le climat les résultats les plus avantageux.

Lorsque pour la première fois il fut question du drainage, les promoteurs de cette amélioration agricole préconisèrent un drainage perfectionné, qui a l'inconvénient d'exiger des frais très consi-

dérables, soit qu'on emploie des tuyaux
en poterie, soit qu'on ait recours à la
pierre, dont le transport est ordinairement fort dispendieux. Aussi, des agriculteurs ont cherché à remplacer le
drainage perfectionné par des moyens
intermédiaires, et voici une méthode qui,
dans beaucoup de localités, peut offrir
incontestablement l'avantage de l'économie.

Cette méthode consiste à drainer avec
des sables grossiers. Tous les agriculteurs ont remarqué la grande fertilité du
sol, lorsqu'il existe une couche de gravier ou de sable immédiatement au-dessous de la terre végétale. C'est un drainage fait par la nature, et la meilleure
méthode ne consiste-t-elle pas à l'imiter?

Après avoir creusé les tranchées de
drainage à une profondeur de 60 à 70
centimètres, on creuse dans ces tranchées
un second fossé de 35 centimètres de profondeur, tout juste de la largeur du pel-

leversoir. On comble ce second fossé avec
du gravier, ou avec des sables grossiers.
Si l'on a des mousses ou des feuilles en
assez grande quantité, on fera très bien
d'en mettre une couche sur le sable ; puis
on comble les tranchées avec la plus mauvaise terre, qu'on aura eu le soin de mettre de côté, et on conserve la bonne terre
pour la surface.

Les agriculteurs qui ont essayé ce
mode de drainage, ont observé que
l'écoulement des eaux se faisait d'une
manière régulière ; il offre, en outre,
l'avantage de n'être exposé à aucun
dérangement.

Nouveau beton naturel. — Voici
un procédé, découvert depuis peu de
temps, pour la consolidation des terrains
bourbeux.

Les habitations situées sur le bord des
rivières ou dans le voisinage des terres
humides, sont très souvent entourées de

chemins impraticables, dont les fondrières résistent aux moyens de réparation, ou qui nécessitent des travaux de maçonnerie extrêmement coûteux. En pareille circonstance, on peut recourir au procédé suivant, qui offre à la fois les avantages de l'économie, de la solidité et d'une grande facilité d'exécution.

Sur un lit d'argile humide et collant on place un rang d'ardoises ou de pierres plates, qui le recouvrent en totalité ; sur ces ardoises ou pierres, on étend une couche légère d'une boue liquide, aussi argileuse que possible, sur laquelle on étend un second rang de pierres qu'on recouvre de la même boue, et ainsi de suite, en superposant autant de couches qu'il est nécessaire pour arriver au niveau que l'on désire. Après quelques jours, cette boue et ces pierres forment une masse tellement adhérente qu'il devient difficile de les désagréger.

Il est inutile d'énumérer toutes les ap-

5

plications possibles de beton naturel, aussi recommandable par sa durée et par son efficacité, que par le peu de frais qu'il entraîne. Par ce moyen, on peut non-seulement réparer les fondrières des chemins impraticables, mais on peut aussi construire des digues, sur lesquelles les courants d'eau sont sans action, surtout si on y sème quelques herbes plates qui, n'étant pas fauchées, se multiplient d'elles-mêmes et constituent un atterrissement d'une grande solidité.

Arbres épineux. — On rencontre assez fréquemment sur les arbres et arbustes épineux, quelques branches complètement dépourvues d'épines. On n'a qu'à faire des boutures avec ces sortes de branches pour avoir des arbres ou arbustes non épineux.

Il est inutile de chercher à propager ces espèces à l'aide des semis; la graine

provenant des arbres et arbustes non
épineux reproduit toujours l'espèce primitive.

Arbres (moyen de les délivrer de la
mousse et des insectes). — Lorsque les
arbres sont dépouillés de leurs feuilles et
qu'ils sont mouillés par la pluie ou le
brouillard, il faut les saupoudrer avec le
mélange suivant :

Chaux vive.	1 kilogramme.
Suie.	15 grammes.
Sel marin.	15 —

Le datura arborea. — Les fleurs
du datura arborea, qui exhalent un parfum si agréable, sont néanmoins fort
dangereuses vu qu'il y a des exemples
de personnes prises de maux de tête, de
vertiges et même d'accès de folie, pour
avoir respiré l'odeur des fleurs de cette
plante narcotique.

Datura stramonium. — Le datura

stramonium appartient à la famille des
solanées. Cette plante pousse dans les
lieux incultes, dans les amas de décom-
bres et les terrains sablonneux. On la
reconnaît à ses fleurs blanches ou d'un
violet clair, et lors de la fructification, à
ses capsules grosses comme une noix,
munies de pointes aiguës et contenant
de nombreuses graines noirâtres. Cette
plante dangereuse cause chaque année
les accidents les plus funestes, principalement chez les enfants, qui sont sé-
duits par l'aspect de sa graine. Dans
l'Inde, d'où cette plante nous est venue,
des malfaiteurs en faisaient avaler à leurs
victimes; bientôt celles-ci étaient prises
de sommeil et se réveillaient avec une
absence complète de mémoire, ce qui
favorisait singulièrement les projets des
coupables.

V

Singulière propriété du coton. — Un médecin Américain a fait de nombreuses expériences relativement à la propriété que possède le coton de faciliter la conservation des substances animales et végétales. En renfermant des matières putrescibles, telles que du bouillon, de la viande, etc., dans des conserves en verre, hermétiquement fermées avec du coton, on a constaté que ces substances se conservaient plusieurs jours sans subir aucune altération. Il est probable que le coton agit dans cette circonstance en arrêtant au passage les germes ou œufs d'infusoires flottant dans l'air, que l'on peut regarder comme la cause provocatrice de la décomposition des substances.

Quoiqu'il en soit de l'explication théorique, l'action conservatrice du coton est bien réelle. Voici le moyen qui a été mis en usage pour la conservation des fruits :

Après avoir cueilli les fruits, on les laisse pendant quelques jours dans une chambre froide. Alors on choisit les plus sains, et on les emballe entre deux couches de coton ordinaire dans des vases, tels que conserves en verre ou vases en fer blanc. On ferme hermétiquement les vases et on les garde dans une chambre froide, mais à l'abri de la gelée.

Ce mode de préservation permet de conserver les fruits pendant une année.

Conservation des fruits. — Pour conserver les raisins, il faut déposer les grappes dans une caisse remplie de son de manière à ce que ces grappes ne puissent se toucher.

On peut par le même moyen conserver longtemps diverses espèces de fruits.

C'est le hasard qui a fait découvrir ce procédé. Une personne désirant faire parvenir des fruits à une destination fort éloignée, eut l'idée de les mettre dans du son pour les empêcher d'être meurtris en route. Cette caisse fut oubliée pendant près d'une année. Les personnes qui l'ouvrirent furent très surprises de retrouver ces fruits dans un état de conservation parfaite.

Conservation du gibier. — En renfermant le gibier à poil dans un coffre de blé ou d'avoine et en le recouvrant de grain on peut le conserver pendant plus d'un mois sans qu'il prenne d'odeur.

Cette précaution est inutile pour le gibier à plumes. Un moyen de retarder sa venaison, consiste à le vider et à boucher soigneusement avec du papier gris toutes les plaies et les ouvertures naturelles.

Le pot au feu sans feu. — Ce procédé découvert depuis peu de temps par un de nos plus célèbres chimistes, mérite d'être mentionné tant à cause de sa nouveauté que de l'utilité qu'il peut offrir dans les ménages.

On place la viande dans un tube à double fond et à double paroi. Le vide formé double par le tube est rempli de poudre de charbon de bois. On verse de l'eau bouillante sur la viande et on ferme ce premier tube assez hermétiquement avec un couvercle. On peut le découvrir deux ou trois fois sans inconvénient, soit pour enlever l'écume ou pour ajouter les substances nécessaires à l'assaisonnement. Au bout de cinq ou six heures, la viande sera cuite et on aura un bouillon délicieux qui sera encore presque bouillant ;

la déperdition de chaleur sera à peine
de deux degrés. Cette concentration
provient de ce que le charbon de bois
est un très mauvais conducteur du calorique.

Beurre (moyen de lui ôter sa ranci-
dité). — Il faut laver le beurre dans de
l'eau salée ou mieux dans de l'eau chargée
d'un peu de carbonate de soude. L'acide
butyrique, qui donne le goût rance, se
trouve décomposé ou neutralisé.

Conservation des œufs. — L'altération des œufs provient de l'action de l'air
qui s'introduit par les pores de la coquille et produit la fermentation putride,
due à la formation d'une petite quantité
d'acide sulfhydrique. Les procédés de
conservation doivent être basés sur l'ex-
clusion de l'air : on pourrait enduire les
œufs de graisse, de gomme ou de vernis,
si ces procédés n'étaient trop longs et

trop coûteux. Le meilleur moyen de conservation consiste à plonger les œufs, le plus tôt possible après la ponte, dans de l'eau de chaux et à maintenir les vases ainsi remplis dans un lieu frais. La chaux obstrue les pores de la coquille et empêche ainsi la pénétration de l'air extérieur.

Propagation des gallinacées. — Il est quelquefois important pour les éleveurs de savoir quelle est la nature des germes contenus dans les œufs. Voici une formule pour savoir si un œuf produira une poule ou un coq.

Les œufs portant des germes mâles ont des rides sur le bout supérieur (on appelle ainsi le plus petit), tandis que les œufs portant des germes femelles ont les deux extrémités parfaitement lisses.

Grains moisis (moyen de les rétablir). — Versez de l'eau bouillante sur les grains moisis de manière qu'ils en soient

recouverts et laissez refroidir. Puis faites
sécher ces grains qui auront recouvré
leur état naturel.

VI

Goût de fût des vins. — Vins tournés. — Acidité. —
Apreté. — Graisse des vins. — Vins mousseux. —
Vin de Bordeaux. — Vin muscat. — Procédé pour
vieillir les vins. — Fermentation. — Vinaigre économique. — Acide pyroligneux ou vinaigre de bois.

Goût de fût des vins (moyen de l'enlever). — Les fûts neufs ont l'inconvénient de communiquer aux vins un goût
extrêmement désagréable ; d'autres fois
le goût de fût provient de la moisissure
qui se développe sur les parois des ton-
neaux, qu'on laisse vides et sans air. On
peut enlever au vin ce mauvais goût de
la manière suivante :

Il faut transvaser le vin dans une autre
futaille bien propre et sans défauts pour
qu'il ne contracte pas un goût plus pro-

noncé. On versera ensuite sur le vin de
l'huile surfine d'olive, à raison d'un demi
litre d'huile pour un hectolitre de vin.
On fouette vivement pour opérer le mélange, et lorsque le vin est reposé on
retire l'huile qui surnage.

L'huile essentielle à laquelle sont dues
l'odeur et la saveur spéciale de la moisissure se dissout presque toute dans huile
grasse. Si cette opération ne fait dispa-
raître qu'imparfaitement le mauvais goût,
on la répète une seconde fois avec de la
nouvelle huile. L'huile d'olive qu'on emploie ainsi peut servir à l'éclairage ; elle
n'est donc pas perdue.

Pour rendre saine une futaille moisie,
on commence par y verser un seau d'eau
bouillante et puis 2 kilogrammes d'acide
sulfurique concentré. On laisse ce mélange pendant une heure dans la futaille bien bouchée, en ayant soin de la
remuer de temps en temps, de manière
à ce que le liquide soit successivement

mis en contact avec tous les points des
parois intérieures. On vide la futaille et
on la lave. Puis on y verse 2 kilogrammes de noir d'ivoire et un seau
d'eau, et l'on agite comme il vient d'être
dit. Après avoir fait deux autres lavages
avec de l'eau pure, on brûle une mèche
soufrée dans le tonneau, qui dès-lors
aura perdu toute odeur de moisissure.
Après vingt-quatre heures, on peut en
toute sécurité remettre du vin dans les
futailles ainsi assainies.

Vins gâtés ou tournés. On peut
éviter la tournure des vins en ayant
soin de maintenir les futailles pleines et
les caves aussi fraîches que possible.

D'après l'analyse chimique, les princi-
pes organiques contenus dans les vins
non altérés sont la crème de tartre, la
glycérine, le sucre, l'acide succinique et
une autre substance visqueuse imparfaitement définie par les chimistes. Le ca-

ractère chimique d'un vin tourné, c'est
de ne plus contenir de sucre et d'avoir
la glycérine transformée en acide pro-
pionique.

Il est fâcheux que la chimie ait borné
là ses recherches ; personne n'ignore,
en effet, que le vin tourné n'est autre
chose que du vin aigri.

Lorsque le vin n'est pas trop profon-
dément altéré, on peut le rétablir par le
moyen suivant qui, dans tous les cas,
contribue puissamment à l'amélioration
de toutes sortes de vins.

Acide exalique (**20** grammes par hectolitre.) — Opérez le mélange et laissez la
bonde du tonneau ouverte quelques ins-
tants à cause de l'évaporation du gaz qui
se produit. Après vingt-quatre heures,
le vin sera sensiblement amélioré.

Acidité des vins. — On remédie à cet
inconvénient en mettant dans le vin du
tartrate neutre de potasse (tartre soluble).

Cette substance sature l'acide en excès en formant de l'acétate et du bitartrate de potasse. Ce dernier sel se sépare du vin par le repos en formant des cristaux.

Apreté des vins.—C'est le tannin qui donne aux vins leur âpreté. On peut y remédier au moyen de collages soit avec de l'albumine (blancs d'œufs), soit au moyen de la gélatine.

Graisse des vins. — 8 grammes d'acide tannique (tannin) pour un hectolitre de vin.

Vins mousseux. — La plus grande partie des vins mousseux s'obtient en Champagne avec des raisins rouges, qui contiennent ordinairement plus de sucre que les raisins blancs. La première pression fournit le vin le plus blanc et la seconde pression fournit du vin rosé. Ces vins sont collés et soutirés trois fois à un mois d'intervalle. Au mois de mars on les met en bouteilles, et l'on ajoute à chaque bouteille environ 3 grammes de sucre cristallisé (sucre candi). Ce sucre mélangé au vin éprouve la fermentation alcoolique, et le gaz acide carbonique provenant de cette fermentation ne pouvant s'échapper reste dans le vin et le rend mousseux.

Il faut que les bouteilles ainsi préparées soient bien bouchées et les bouchons assujettis avec un fil de fer. Quoique les verriers apportent un grand soin à la fabrication des bouteilles pour le vin de Champagne, il arrive néanmoins que ces bouteilles sont brisées quelquefois par la pression de l'acide carbonique.

Vin de Bordeaux. — Il faut 2 litres de sucre de framboises par hectolitre de vin. Soutirez après quinze jours.

Vin muscat. — Faites macérer 20

kilogrammes de raisins muscats secs
dans 100 litres de vin blanc. Après deux
mois de macération, soutirez le vin.

Procédé pour vieillir les vins. —
Voici le moyen employé par les mar-
chands de vin et restaurateurs pour
donner au vin l'âge qui lui manque naturellement.

On remplit les bouteilles à un verre
près, puis on les bouche et on les place
dans un chaudron rempli d'eau jusqu'à
moitié goulot de la bouteille. L'eau est
chauffée à 60 degrés ; il faut éviter,
autant que possible, de dépasser cette
température. On laisse les bouteilles pendant une heure dans ce bain-marie et
puis on achève de les remplir. Par ce
procédé on vieillit les vins de dix à douze
ans.

On peut obtenir le même résultat en
plaçant les bouteilles dans un four à pâ-
tisserie, légèrement chaud, dans lequel

4

on les laisse pendant deux heures. Toutefois, il faut observer que ces procédés ne conviennent qu'aux vins naturels et assez fortement alcoolisés.

Fermentation des vins. — Voici le moyen d'arrêter la fermentation des vins nouveaux et de conserver leur douceur primitive.

Pour 100 litres de vin, on prend un 1/2 kilogramme de farine de moutarde que l'on délaye dans 2 litres du même vin. On entonne ce mélange par la bonde du tonneau. Au bout de quelques jours, lorsque le vin est clair, on le soutire dans une autre pièce. Les vins blancs d'une saveur acide acquièrent au moyen de cette préparation la douceur de la plupart des vins blancs de Bordeaux et de Châblis.

Vinaigre économique. — Il faut mettre du marc frais de raisin, non pres-

suré, dans une cuve que l'on recouvre
avec des planches. Lorsque ce marc a
contracté une grande acidité, on y ajoute
une certaine quantité de vin. Une se-
maine suffit pour qu'il soit converti en
excellent vinaigre, qu'il faudra sou-
tirer.

Acide pyroligneux. — Le vinaigre
de bois a été considéré, pendant quelque
temps, comme un acide particulier, et
c'est pour ce motif qu'on l'a nommé acide
pyroligneux. Le procédé suivi pour l'obtenir, est fondé sur la propriété que possède la chaleur de séparer les éléments
constituants des substances végétales,
pour les combiner dans un autre ordre
et donner lieu à des produits qui n'exis-
taient pas dans le corps soumis à la décomposition. L'appareil qui est employé
pour obtenir le vinaigre de bois brut
se compose d'un ou de plusieurs grands
cylindres en tôle, au haut et sur le côté

desquels se trouve ajusté un autre petit
cylindre. Un couvercle en tôle, fixé avec
des boulons, ferme l'ouverture supérieure du grand cylindre, qui de cette
manière représente à peu près une vaste
cornue. Cet appareil est placé sur un
fourneau d'une forme appropriée à celle
des cylindres. Les bois durs, tels que le
chêne, le frêne, le hêtre ou le bouleau,
sont à peu près les seuls qu'on emploie.
Le bois est divisé en petits fragments, avec lesquels on remplit le grand
cylindre destiné à la combustion. Dès
qu'on chauffe l'appareil, l'eau hygromé-
trique du bois commence à se dégager ;
peu à peu le liquide cesse d'être incolore. C'est alors qu'on ajuste un tube
fort allongé au petit cylindre latéral ; ce
tube est le commencement de l'appareil
de condensation. Ordinairement, on con-
dense avec de l'eau froide, que l'on fait
circuler autour des cylindres condensa-
teurs.

L'acide pyroligneux ainsi obtenu est très chargé de goudron ; on le purifie en le faisant bouillir dans une grande chaudière, dont le bord supérieur est muni d'un bec, par où s'échappe le goudron à mesure qu'il monte sous forme d'écume. On le rectifie en le distillant dans un alambic. Si on veut l'obtenir incolore, il faut le distiller une seconde fois : on le sature par la chaux vive, on fait évaporer l'acétate liquide, on convertit en acétate de soude par le sulfate de soude et on décompose par l'acide sulfurique. L'acide acétique ainsi obtenu est complètement décoloré et possède un degré très élevé de concentration.

On n'a jamais pu obtenir l'acide acétique anhydre, et le plus concentré que l'on puisse préparer contient environ 14 % d'eau. On ajoute ordinairement au vinaigre de bois purifié un peu de sucre brûlé (caramel), ou bien un peu de vin pour lui donner la couleur et le goût du vinaigre de vin. Le vinaigre de bois doit être conservé dans des vases hermétiquement fermés ; sans cette précaution, il attire à lui l'humidité de l'air et perd sa force. Il possède, au plus haut degré, les qualités anti-putrides, et cependant on ne l'emploie guère pour la conservation des viandes, parce qu'il a l'inconvénient de leur communiquer de la dureté. On l'emploie quelquefois pour la conservation du poisson. Dans la parfumerie, il sert à préparer les sels de vinaigre, qui ne sont autre chose que du sulfate de potasse, imprégné d'acide acétique concentré et aromatisé avec des essences.

VII

Animaux nuisibles (moyen de préservation) : Charençons. — Pyrale. — Chenilles. — Limaces. — Rats et Souris. — Taupes. — Fourmis. — Mouches et Taon. — Étoffes de laine (les préserver des vers). — Puces. — Pucerons de terre ou altises.

Charençons (moyens infaillible d'en

préserver les grains). — L'odeur péné-
trante de la liqueur d'absinthe a la vertu
d'asphyxier les charençons. Cette liqueur renferme plusieurs huiles essen-
tielles qui agissent comme un toxique
sur les organes de ces coléoptères, il
suffit d'en jeter quelques gouttes dans
les greniers ou sur les tas de grains;
avec un litre de liqueur d'absinthe, on
peut préserver 400 hectolitres de grain.

Emploi du goudron de houille.—L'odeur
du coaltar ou goudron de houille est
aussi un excellent préservatif. Si l'on
enduit avec cette substance quelques
parties du grenier, telles que portes, vo-
lets, on empêche pendant tout l'été l'envahissement des charençons.

On ignore généralement la manière
dont se multiplient les calendres ou
charençons; voici, en abrégé, l'explication de ce phénomène :

Quelques couples de charençons ap-
paraissent dans le tas de grains ; chaque

femelle troue plusieurs grains de blé
et dépose dans chaque grain un œuf, en
ayant soin de refermer le trou avec une
matière exactement semblable à la couleur du blé. Après quelques jours, ces
œufs donnent naissance à de nouveaux
charençons qui creusent le grain où ils
sont nés, et chaque femelle recommence
à creuser de nouveaux grains, pour y
déposer de nouveaux germes.

On sait que l'éclosion ne peut avoir
lieu au-dessous d'une température de
16 degrés centigrades ; aussi l'on n'a a
craindre l'envahissement des charançons
que dans les chaleurs de l'été, et c'est
vers le mois de mai qu'il faut remuer
les tas de grains et employer les moyens
préservatifs.

Pyrale. — On nomme pyrale un
genre d'insectes lépidoptères nocturnes,
de la famille des séticornes, formant
seuls une tribu et contenant environ
trois cents espèces.

La pyrale de la vigne est une chenille
à seize pattes d'égale longueur, qui ra-
vage la vigne en se nourrissant de ses
bourgeons. Pour préserver les vieux
ceps de vigne des atteintes de la pyrale,
il faut enlever, pendant l'hiver, les
vieilles écorces et les mousses qui cou-
vrent les tiges des ceps ; ou bien, on
peut aussi les laver avec de l'eau bouillante, dont la chaleur suffit pour détruire les larves de la pyrale, sans que
cette chaleur passagère puisse en aucune façon être nuisible à la vigne.

Chenilles. — Il est très facile d'asphyxier les cheniiles en versant quelques gouttes d'huile de noix sur la
bourse où elles se réfugient. L'odeur de
l'huile suffit pour les asphyxier.

Limaces. — Pour les détruire, il faut
répandre du sel sur le terrain envahi
par les limaces,

La chaux vive, réduite en poudre, est

aussi un excellent moyen de destruction.

Rats et Souris. — On a expérimenté une infinité de moyens pour préserver nos demeures des dégâts considérables qu'occasionnent les rats et souris. Les pâtes arsenicales et phosphorées peuvent donner lieu à de funestes méprises; elles ont d'ailleurs l'inconvénient d'empoisonner les animaux domestiques.

Parmi les divers procédés indiqués pour la destruction de nos ennemis à quatre pattes, nous citerons les suivants qui paraissent susceptibles d'opérer de bons résultats.

Bouchez les trous où se réfugient les rats et souris avec un mélange de plâtre, de verre concassé, d'ail pétri avec de l'eau, dans laquelle vous aurez fait bouillir 50 grammes d'aloës. Si vous n'avez rien à craindre du feu, introduisez dans le trou des rats du tabac allumé, et poussez-en la fumée dans l'in-

térieur du couloir au moyen d'un soufflet.

Plusieurs propriétaires affirment avoir
préservé leurs maisons et leurs greniers
du fléau des rats en employant la *rue*.
Voici de quelle manière on procède :

On coupe quelques poignées de *rue*
que l'on fait sécher à l'ombre, puis on
en fait de petits paquets que l'on sus-
pend dans les lieux fréquentés par les
rats : on peut même s'en servir pour
boucher les trous où ils se réfugient.
Cette plante est un poison pour ces animaux et son odeur suffit pour les chasser.

Enfin, voici une nouvelle invention
qui consiste dans l'emploi de la résine
d'euphorbe. Ce poison, inodore et sans
saveur, devient âcre et caustique quelques minutes après qu'il a été absorbé.
On propose en outre d'y ajouter une
certaine quantité d'émétique en cas d'in-
toxication ; le vomissement provoqué
par l'émétique serait une cause de salut

pour les personnes et pour la plupart des animaux domestiques ; tandis que cette condition ne peut exister chez le rongeur à cause de sa constitution anatomique.

La résine d'euphorbe et l'émétique sont mélangés avec du suif, auquel on donne la forme de chandelles. Cette forme inspire naturellement du dégoût, tandis qu'elle est fort attrayante pour les rongeurs ; afin d'éviter toute méprise, on adjoint à ces chandelles une mèche ininflammable en fils de chanvre ou de coton, préalablement mouillés. Voici comment serait composée la préparation :

Suif.	100 grammes.
Émétique.	20 —
Résine d'euphorbe. .	20 —

Cette question de la destruction des animaux rongeurs intéresse à la fois l'économie domestique et la sécurité publique. La découverte d'un moyen réel de préservation pourrait être considérée comme un véritable bienfait pour l'humanité.

Taupes. — Si vous n'avez rien à craindre du feu, introduisez dans le trou des taupes du tabac allumé et poussez-en la fumée dans le couloir, au moyen d'un soufflet ; ou bien faites dissoudre de l'aloës et de l'ail dans une certaine quantité d'eau, et inondez avec cette dissolution les couloirs où se réfugient les taupes.

Fourmis. — Pour préserver les arbres des fourmis, il suffit d'entourer le tronc de l'arbre avec une lisière mouillée d'essence de térébenthine ; ou bien faire dissoudre 1 gramme d'aloës dans 1 litre d'eau, et enduire avec cette eau les branches des arbres qu'on veut préserver.

L'odeur de lavande, de l'absinthe, du

marc de café bouilli, chasse les fourmis des armoires et des appartements.

Mouches et Taon (les empêcher de piquer les chevaux, bestiaux, etc.). — Frottez le corps des animaux avec du marrube commun *(marrubium vulgare)*. L'absinthe et les feuilles de noyer produisent aussi de bons effets.

L'huile de laurier et un grand préservatif contre les mouches; en enduisant d'une légère couche de cet huile les cadres dorés et les meubles qui ornent les appartements, on les préserve du contact des mouches pendant tout l'été.

Etoffes de laine (les préserver des vers). — Réduisez en poudre des fleurs de pyrèthre *(pyrèthrum caucasicum)*, et saupoudrez les étoffes que vous voulez préserver.

Le camphre réduit en poudre est aussi un excellent préservatif.

Puces (les chasser des appartements).
Mettez dans la paillasse du lit ou dans
tout autre endroit de l'appartement une
poignée de feuilles de noyer; quelques
heures après toutes les puces auront dis-
paru.

Pucerons de terre ou altises. —
L'humidité de l'atmosphère favorise singulièrement la propagation des pucerons
de terre ou altises. C'est principalement
au printemps que ces insectes envahissent
les champs de colza, les jardins, etc.
Il est un moyen aussi facile que peu coûteux de les détruire.

On mélange 2 litres de goudron de
houille avec 100 litres de sable ou de
sciure de bois. On jette cette poudre à la
volée dans la portion des champs enva-
hie par les pucerons de terre. L'odeur
du goudron communique aux feuilles
des plantes une amertume qui chasse
et fait périr ces insectes.

TABLE DES MATIÈRES.